世界火車快樂行
給小學生的第一本火車科普書③

脚本／賴怡君
繪者／米奇奇

現代火車的意義轉變：
從工業到旅行

　　這是生活科普小百科書系的第三本，前面兩本，從最早蒸汽火車初期，介紹到現今奔馳在世界各國的高速鐵路。讀者一定會猜想，有了過去、現在，也應該談談「未來」吧！

　　的確，本書的內容談到了部分火車的未來發展，但更實際的，應該說是它們未來發展的可能與趨勢。我們在書中介紹了未來可能穿梭於星際間的「星際列車」，也談到目前在中國和歐洲運行中的磁浮列車，這都是走向新科技的火車。然而，除此之外，難以忽視的是搭乘火車的不同需求與趨勢。

　　其實，從歐陸的鐵道普及以來，搭乘火車旅遊，就廣受歐洲貴族與商務人士的青睞。特別是橫跨歐陸的「東方快車」，更在當時掀起風潮，甚至拍了電影。由於現代高速鐵路能提供相較於飛機更便利、平穩的服務，而且無需繁複的報到手續，因而成為許多中短距離遊客的最佳選擇，甚至取代了若干中短距離的客機航班。

　　科學家的偉大，在於將許多想像透過實驗、證明，並進一步實踐，幫助人類文明進展。拜科技所賜，不斷進展中的火車，讓人們得以享受更快速、舒適與安全的乘坐體驗。在「生活科普小百科」這個書系中，我們以火車作為前導，之後也將陸續推出生活中聽過、看過，卻不大容易了解的科普選題，並透過寓教於樂的漫畫，以深入淺出的型態，敘述出選題中的科學知識。

　　大家都聽過「需要為發明之母」的口號，這句話也說明了，為了人類文明發展的需要，新科技會深入人類的各項生活領域。「科普」與「生活」就在這裡獲得連結，帶領人類走向更為人性的文明。冀望讀者透過一系列的生活科普漫畫，認識默默支持、推進人類文明的科學知識，這將是我們最大的期盼。

文房文化副總編輯　

目錄

人物介紹

艾咪

女，12 歲，145CM，35KG，小學六年級學生。

運動全才，雖然瘦小但臂力驚人。個性好強激不得，尤其不想輸給從小到大的死對頭同學霍華。

艾心博士

女，35 歲，170CM，美麗與聰明兼具的科學博士。

常穿白袍，足蹬三吋高跟鞋。平常看似理性，但遇到可以探究科學知識的機會，就會著魔似地激動。她是艾咪的姑姑，也是艾咪每次跟霍華對抗時的求救對象。

寶寶嘰

性別年齡不詳，球體直徑約 30CM。
外型超萌的邪惡外星人，來自里不
里都星球。

外型圓潤嬌小，因此常被同伴嘲笑，
立志要征服地球得到同伴的尊敬。艾
咪用一根手指就能阻擋他前進。艾心
博士一看到他就會像看到寵物般寵溺
地揉他，完全不把他當成危險的敵人。

瞿華

男，12 歲，155CM，45KG，小學
六年級學生。

聰明機智的富家子，愛跟艾咪鬥
嘴，也愛耍花招引起同學注意，
實則因為來自隔代教養家庭，缺
乏雙親關愛，父親常出國，所以
特別想得到別人的關注。

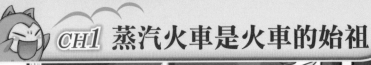

回里不里都星，
接受刑罰吧！

小心啊！！！

霹靂啪

啦

霍華！

沒事，拿來對付寶寶
嘰的電流，對我來說
不痛不癢⋯⋯

13

在這些前人的努力之下，史蒂文生才發明出第一台商用的蒸汽火車。

轟~

更不用說那些照顧蒸汽火車的司爐跟司機，要忍受多少

廢氣跟濃煙，但他們還是盡忠職守載客跟運貨……

到了現代，為了提高效率，各國都致力於發展高速的火車，

有些建立全新的軌道，有些改變車輛的結構，終於把時速提高到好幾百公里……

19

十年前，寶 BB 來地球巡察，他一直很欣賞我，

喜歡！
喜歡！
喜歡！

覺得我是宇宙間外貌與智慧兼具的女神，

他還想找我去里不里都星，擔任科技局局長……

想到這畫面就有點不舒服。

那麼殘忍的傢伙居然叫寶 BB。

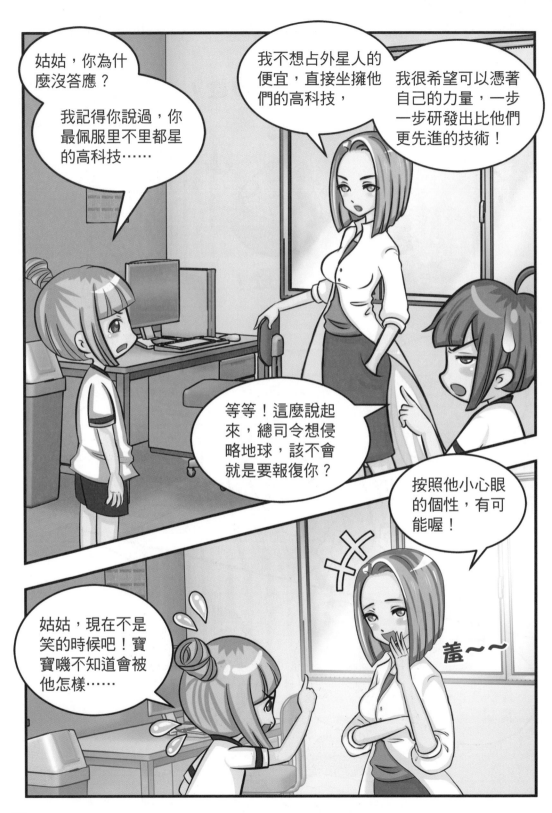

蒸汽火車的環保與火車的演變

艾心博士小教室

蒸汽火車好美喔，你們看那個煙和嗚嗚的聲音，真的好有 fu！

蒸汽火車是很懷舊，不過製造出來的汙染怎麼辦呢？

以前是逼不得已，但現在為了懷舊而製造出汙染，這是 OK 的嗎？

你們提出了個好問題呢！環保署已公告具文資價值的蒸汽火車，其特定運行免受罰則。而因應蒸汽火車等近代性文化資產及產業資產「動態保存」的特性，經指定或登錄為文化資產者，可適度排除環保規定，以整體保存活化及再生文化價值，調和「文化資產保存」與環保規定。

那這樣就能在特定的時段去觀賞了耶，好棒喔！

咦？那現代的鐵路就不會製造汙染了嗎？

現代鐵路歷經了蒸汽火車、柴油火車到近代的電氣化火車。電氣化火車的優點是不會像柴油火車和蒸汽火車在燃燒運輸時產生廢氣，產生的噪音也較小。另外，電氣化火車的起步及加速較快，可縮短列車運行時間、增加班次密度，也能提高總載運量。

目前台灣高鐵、台北捷運、機場捷運、台中捷運及高雄捷運、高雄輕軌都可以算是電氣化路線，只是供電的方式不太相同。而台鐵除了部分支線外，也已全面電氣化減少許多的汙染。

而且現在各國火車也慢慢朝向更乾淨與節能的方向，像中國、日本及德國的磁浮列車，廢氣只有柴油火車的四分之一；澳洲的太陽能火車、荷蘭的風力發電火車及德國的氫動力火車都是零汙染的火車呢。

尤其是澳洲的太陽能火車，可是由二戰後的「古董」翻新而成的喔！

有機會一定要去坐一次！

CH2 太空列車 Star Tram 計畫

你說的太空列車,是詹姆斯鮑威爾的 Star Tram 計畫嗎?

Star Tram 就是建超長的真空管,把磁浮列車送入近地軌道?

好像是……

對……應該吧?

等等,這個計畫現在……

博士,你認識詹姆斯鮑威爾博士嗎?

怎麼了?

砰!

註 Star Tram 太空列車的原理是利用超導磁力懸浮技術將列車控制在軌道上,讓 Star Tram 在密封的管道中前進,預計 2032 年建造完成。

我剛還沒說完，超導電纜的支撐效果……

不想聽不想聽，你說的都不是人話！

超導電纜主要是用來支撐這條真空管的。

這條真空管不只很長，最末端還離地20公里高！

這麼高！只靠這幾條繩子就能撐住？

33

蒸汽火車的發明、手機電腦的發明，在真正問世以前，所有人都覺得是天方夜譚，不是嗎？

沒錯！

大家都說科學家很理性，其實科學家是很浪漫的，懷抱著這些像在科幻小說裡才會出現的夢想，用理論來支撐，沒日沒夜的研究，

從來都不考慮失敗的可能，賠上青春跟家產，就只希望看到夢想成真的那一天！

沒錯。博士，我期待看到 Star Tram 駛航的那一天！

我也是！

艾心實驗室

嗯，真的，不僅見識到科學最新的發展，還體會到科學家偉大的精神！

我承認我真的學到很多，但是，你們是不是忘記什麼很重要的事了？

真是上了很棒的一堂課呢！

比磁浮列車更快的
Star Tram 太空列車

艾心博士小教室

姑姑，講了這麼多，Star Tram 到底是什麼啊？

Star Tram 簡單來說就是用磁浮原理的太空發射系統，也有人叫它星際列車，目前還在研發階段。它是利用真空管和超導電纜將磁浮列車送入低地球軌道，出口需高出海平面約 20 公里。另外，在實驗室裡要叫我艾心博士！

呵呵～艾心博士，知道了！那 Star Tram 跟磁浮列車有什麼不一樣嗎？

博士之前說過磁浮列車是利用磁力使火車懸浮於軌道之上，幾乎沒有摩擦阻力，老師在說你有沒有在聽啦！（請參閱第二集《現代鐵道大發現》P72 ～ P73）

霍華說得很好，Star Tram 比磁浮列車更厲害的是，它利用真空管道連空氣阻力都可以降到最低，能達到理論上3.2 萬公里的最高時速。當然，為了讓乘客安全達到這一速度，Star Tram 系統需要建造大量軌道，同時需要採取措施防止極超音速列車被周圍的空氣撕成碎片。任何一項高速移動的物體，最大的敵人就是空氣阻力，隨著物體速度越快，需克服的力量也越大。當車輛行駛兩倍的速度，就要克服四倍的空氣阻力，因此需輸入八倍的功率。所以降低空氣阻力，速度可以達到倍速的成長。

所以我在真空中可以跑得更快囉？

你在真空裡不能呼吸，是要怎麼跑步啦！

穿太空衣啊！

太空衣這麼笨重怎麼跑得快！

在真空裡移動是幾乎沒有阻力的，但跑步需要腳踩地，利用摩擦力來產生動能，而摩擦力又是另一種阻力，所以在真空中跑步效率雖然不會太好，但因為沒有阻力，是可以移動得更快的喔！

寶寶嘰被總司令抓走後，
過了三天……

有沒有寶寶嘰的消息？

我們剛試著要攔截里不里都星的衛星訊號和監視器畫面……

可是都被防火牆擋住了。

喔呵呵～

笨蛋地球人，別想動歪腦筋！

46

我沒辦法借太空船，也攔截不到里不里都星的訊號！

自責不已

只知道去請我爸爸幫忙，可是一點用也沒有。已經這麼多天，寶寶嘰不知道被折磨成什麼樣……

我知道你很擔心寶寶嘰，但現在不是說喪氣話的時候……

但我們現在真的什麼都做不了！

誰說什麼都做不了？

嘿！

1966⋯⋯

所以，寶寶嘰傳給我們的訊息，跟這列火車一定有關係！

不過，在1966那一年，火車界的大事不只一件，

法國同時發明了氣墊火車，原理跟現在的磁浮列車很接近，時速可達 430.4 公里。

啊？那一年發生這麼多的事情，寶寶嘰的暗號到底是什麼意思？

可惡，我不信我想不出來！

台鐵 CK101 型蒸汽火車

博士，你說你有台鐵 CK101 型蒸汽火車模型，快拿出來給我們看看！

哈哈，被你們聽到囉，在看模型之前，先來了解一下台鐵CK101型蒸汽火車為何這麼獨特。

當時在（日本）大正年間，為替代舊型飽合式蒸汽火車，於是，CK100型以CK50型改良型的名義引進台灣。其中1917年抵台的第一部400號，就是今日聞名的主角CK101。

有趣的是，保存在台灣的每一款日製蒸汽火車，都可以找到與日本國鐵同型的車型。唯獨CK100型，在日本沒有同型車。因為它只是發展時期的過客，根本沒有量產，這也正是它的獨特之處。所以後來CK101復活行駛，造成日本大轟動，因為即使在日本這樣以動態保存蒸汽火車眾車雲集的國家，也找不到這型火車啊！

這個我知道，當年鐵路電氣化，蒸汽火車全面停駛。不過，後來鐵道文化保存的意識抬頭，台鐵決心振興鐵道文化。

沒錯，在台灣鐵路創建 110 年紀念慶祝活動中，CK100 型的 CK101，也在 100 有強烈數字意義下雀屏中選，並於台北機廠內舉行點火儀式，場面浩大，吸引無數媒體到場共襄盛舉。

 你們看，車頭和車身有鍍金的「CK101」車牌耶！

 連模型都可以冒煙，真是完全展現出蒸汽火車的特色，感動得我眼淚都快流下來了……

 喂，你們有沒有在聽我說話哇！

 哇啊……博士發怒啦！

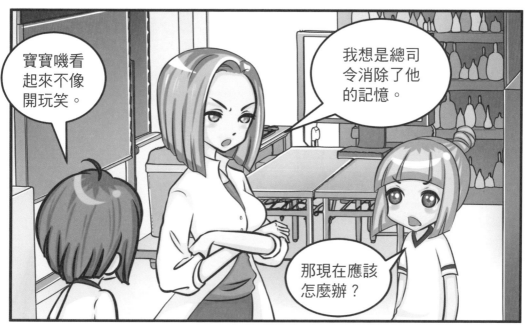

比較項目	磁浮	輪軌
速度	快　勝	略遜
噪音量	幾乎沒有　勝	大聲
廢氣排放量	幾乎是零　勝	仍有

70

鐵道的明日之星——磁浮列車

艾心博士小教室

輪軌列車才叫做火車！

磁浮列車才是未來趨勢！

你們別吵了啦！

呵呵，你們這樣比較，就好像把爸爸拿來跟兒子比較一樣。相較於傳統輪軌列車，磁浮列車的原理晚了一百多年才被提出，直到 1984 年才真正使用在商業營運。目前世界上第一條投入商業營運的高速（時速大於 250 公里）磁浮列車，是上海磁浮線。

對嘛，磁浮列車現在根本還上不了檯面！

霍華這樣說就不對了喔，目前世界各國都積極地在規劃磁浮系統。除了高速磁浮列車，中低速（時速約 100 公里）磁浮列車在中國、日本、南韓皆已開始投入商業營運。而相較於輪軌列車，磁浮列車安全性更高、運行噪音低、爬坡能力更強、轉彎半徑更小，在路線選擇上更靈活，技術成熟後，建設成本也會更低。所以說，磁浮必定是未來趨勢，而且已經在實行中囉。

那你們知道磁浮列車是怎麼運作的嗎？

不就是用磁鐵相斥的原理嗎？

我知道！是利用電磁鐵，當電流流經金屬線圈時，產生磁力吸引鋼板，使車輛被向上抬舉。

霍華說的是「丁」形導軌，在車輛的下部內翻部分面上裝有磁力強大的電磁鐵，導軌底部設有鋼板。鋼板在上，電磁鐵在下。另一種是倒「U」形的，採用相斥磁力使車輛浮起。當列車向前時，軌道內的線圈中感應出電流變成了電磁鐵，與車輛下的磁鐵產生相斥的磁力，把車輛向上推離軌道。

不是說輪軌列車才叫做火車嗎⋯⋯

好啦，其實我也很喜歡磁浮列車。

某人原本不是這麼說的⋯⋯

寶寶嘰是不是被總司令威脅，

所以才又開始破壞火車？

你根本就什麼都不懂，寶寶嘰不是這種人！

他是真心喜歡火車，真的把我們當朋友！

沒用的傢伙！

連破壞火車這種小事都做不到！

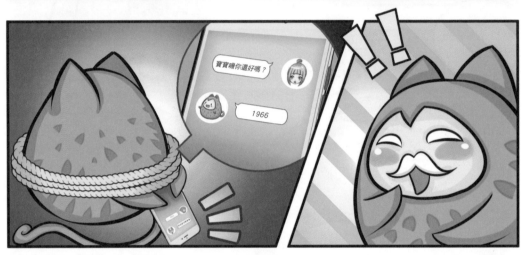

太過分了！

捏
捏

艾咪！使出你的殺球絕招吧！

呸！
呸！
呸！

嗯心！

沒料到吧！

哈
哈

好幼稚的逃脫術。

超級高鐵有好幾個，寶寶嘰會去破壞哪一個？

會是 Hyperloop、ET3？還是中國的航天科工集團公司？

註 Hyperloop（超迴路列車）、ET3（膠囊列車），均為美國研發中的高速運輸系統。

從定位系統看起來，

喀噠～

喀噠～

寶寶嘰正朝著美國內華達前進……

Hyperloop 的測試基地，就在內華達沙漠！

我先聯絡 Hyperloop，請他們提前做好防備！

不行！他們會傷害寶寶嘰！

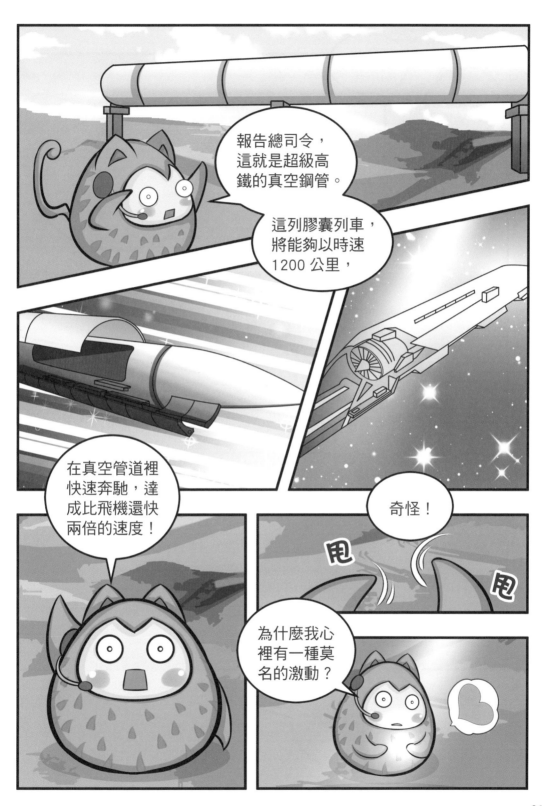

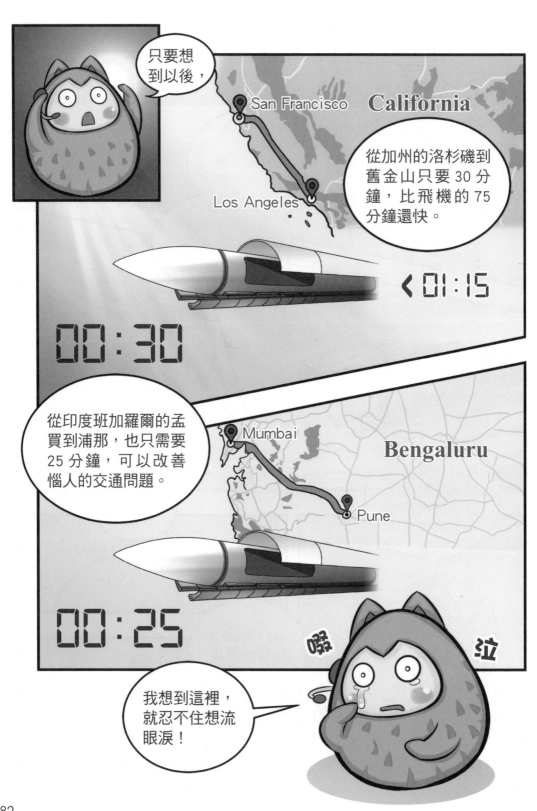

83

什麼溫情攻勢都不會有效的，

艾心，我輕輕鬆鬆就可以徹底毀了你最愛的火車科技！

啊，來喝個下午茶慶祝慶祝。

你們……你們為什麼要告訴我？難道不怕我再搞破壞？

就算被洗腦，你內心還是深藏著對火車的愛，根本就破壞不了！

你們……居然還這麼相信我……

這讓我想到，以前你也演了一場捷運假放火，來哄騙總司令！

我……我想不起來……

沒關係！

我們會幫助你想起來的！

呵

呵

86

1966 年正式通車的 DR2700 光華號

艾心博士小教室

1966 年火車的大事件還真不少耶，除了美國噴射引擎列車 M-497 黑甲蟲……

還有法國的 Aerotrain 氣墊列車！

幹嘛搶我話啦！

哼！我懂得比你多！

除了歐美這兩款列車外，1966 年還有一件轟動全台火車界的大消息，你們知道是什麼嗎？

不知道耶～

那就是台鐵光華號的正式通車。光華號可是在自強號之前最快速的車種，從台北到高雄僅需四個多小時呢！

我知道！光華號是在鐵路電氣化之前，台灣陸地上最快速的交通工具。而且當時車上還派有快車小姐，負責在列車上發送毛巾、茶葉、便當、報紙、雜誌給旅客，有點類似空姐的工作呢！

 是那個因為全車採用不鏽鋼且無塗裝的車身，而被戲稱為「白鐵仔」的 DR2700 光華號嗎？

 艾咪也越懂越多了喔。

 我才不會每次都讓你們專美於前呢！

 DR2700 在 1979 年西部幹線電氣化完工後通車，但在 1981 年和自強號於頭前溪發生事故後，前端均塗上警示色，於是 DR2700 型前端便改成目前的黃色。引進自強號後，「光華號」這名字也跟著最快速列車的稱號一起走入歷史了，最終只有花東線還在運行，不過，一直到 2014 年，「白鐵仔」DR2700 才真正退役。48 年的歲月，對火車來說可是相當長久，所以大家一定要好好地尊敬這列具有時代意義的列車喔。

 之前光華號復駛了耶，而且是與自行車連線成為「雙鐵」之旅。

 台鐵為了讓這列古董級光華號再度登場，特別花費許多人力、時間，甚至不惜拆下其他列車的零件，就是要讓光華號再度平穩行駛。

 那我們下次也來安排一趟雙鐵之旅吧！

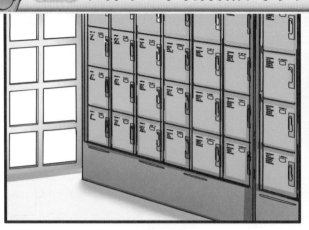

艾咪，這樣撞擊真的可以恢復記憶嗎？

糟糕！是不是太大力？

奇怪，電視劇都是這樣演的啊。

別鬧了，

寶寶嘰記憶還沒恢復，命都去了半條了。

每次就只會嫌我，你有什麼方法？

他把各國的高鐵都變成人，

結果自己搞不清楚誰是誰！

現在不是回味趣事的時候……

我也太天兵了吧！

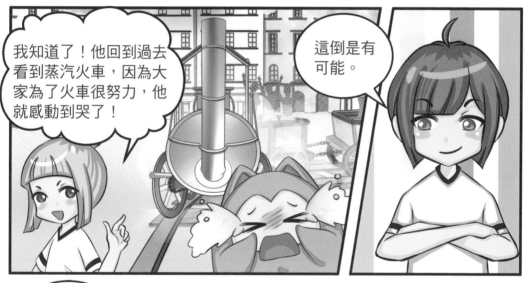

我知道了！他回到過去看到蒸汽火車，因為大家為了火車很努力，他就感動到哭了！

這倒是有可能。

好，我們趕快用時空手錶回到過去……

不行！

寶寶嘰狀況不穩定，萬一他控制不了自己，

毀滅蒸汽火車，改變了歷史，那就無法挽回了！

博士，拜託……

大不了我們再回去改變他改變的歷史嘛！

你撒嬌還真是讓人不舒服……

你說什麼？

我是說，寶寶嘰是看到司機跟司爐奮力地工作，才感動到落淚。

讓他恢復記憶的關鍵不是過去的火車，應該是人才對……

95

我怎麼覺得……霍華好像有什麼祕密……頭好痛……

什麼記憶不恢復，想到這個做什麼……

咦，之前不是說要一起去搭阿里山小火車，

什麼意思，所以到底是要去還是不要去？

真麻煩，先看模型你喜歡不喜歡再說吧！

不知道為什麼，我覺得阿里山小火車對我來說，

好像有特別的意義，我們可以去坐小火車試試看嗎？說不定我可以想起什麼。

嗯，如果可以幫你恢復記憶，我們應該試試看。

哈！

唉，失去了跟艾咪單獨坐小火車的機會了。

不過沒關係，寶寶嘰的事情還是比較重要。

隔天，大家來到阿里山小火車車站。

我們終於來了！

寶寶嘰，你看到蒸汽火車，有沒有想起什麼……

寶寶嘰他們人呢？

高鐵和飛機到底哪個快？

艾心博士小教室

艾心博士，現在高鐵的速度越來越快，到時候會不會取代飛機呢？

如今高鐵已經越來越便利，也越來越舒適，但在速度上，離飛機還是有一段距離。高鐵普遍來說，目前時速限制在 300 公里左右，而飛機的時速約在 800 到 1000 公里。

所以還是坐飛機比較快囉？

也不能這麼說，因為飛機的候機時間較久，也需要提早一個多小時到機場安檢及托運行李；而高鐵的程序不但較簡便，也較平穩舒適，所以，在四小時內的旅程，會有更多人選擇舒適的高鐵。

以長途旅程來說，多數人還是會選擇坐飛機，但中短程的旅程，目前則是高鐵占有優勢。

不愧是常旅行的強尼，在這方面很有經驗呢。不過以台灣來說，大家最常搭乘的長距離行程──台北到高雄，也不過才 300 多公里，在這距離之內，高鐵是占有絕對優勢的。

 可能是因為高鐵票價比較便宜，也更為穩定吧，而且高鐵還可以全程使用手機，飛機則不行。

 沒錯！所以未來若是磁浮列車普及化，或是高鐵速度逼近飛機時速的時候，選擇坐飛機的人就會越來越少了，尤其是現在鐵路的技術越來越高，包括磁浮列車、海底列車、甚至是星際列車，都不再是遙不可及的夢想了！

 對啊，甚至還有跨越英吉利海峽連結英法的歐洲之心。現在連中國大陸都可以直接搭中歐班列到英國了！

 與海運相比，中歐班列的時間節省近一個月，費用更是只有空運的 20% 左右，在時間和成本上明顯占有優勢。

 想到火車的未來真是令人感到振奮，哈哈！

107

噠

噠

現在不是鐵路電氣化嗎？這樣還會有空氣汙染的問題喔？

你真的不知道嗎？現在不是所有的鐵路都已經電氣化……

你比較少去南部跟東部對不對？

南迴鐵路還是用柴油車，所以仍然會產生廢氣。

111

對了，你們剛剛在小火車上，都在討論汙染的問題嗎？

對啊！

那我就放心了，霍華一講到火車的問題就會變得超嚴肅⋯⋯

這些、那些一定都沒發生！

這傢伙平常看起來正經，但腦袋裡不知道在想什麼。

霍華，你真的不在意嗎？

誰管那個大力女跟誰單獨出去！

寶寶嘰，那你呢？

現在最重要的應該還是恢復你的記憶才對……

我覺得，記憶恢復不恢復都沒關係了！

反正不管怎麼樣，總司令遲早一定會找來，我是躲不掉了。

那還不如多利用這段時間，做一些可以幫助地球人的事吧。

你這傢伙……

電池跟燃料槽在哪裡啊？

你怎麼了？

沒事沒事。

天哪，居然以為在那裡，也太可愛了吧？

如果氫鐵變成人，他一定是很溫和的傢伙，

絕對不會傷害任何人，就像你一樣！

你就不會笑我。

要是霍華一起來，他一定又會笑我無知。

嗯，等一下，

你的意思是說我是個好人嗎？

嗯，當然是啊！

發！

啊，被發好人卡了……

使用氫能源的氫動力火車

艾心博士小教室

艾……艾咪，我想知道你喜不喜歡我……我最愛的火車啦！

你好噁心喔，火車才是我的最愛，它既懷舊又科幻，真的太令人興奮了！

對……對啊，那我們下次一起來趟火車懷舊之旅。

好啊，找強尼、博士跟寶寶嘰一起！

霍華！幹嘛？想偷跑！艾咪，我帶你去坐世界最環保的火車——德國 Alstom Coradia LINT 氫動力火車（又稱氫鐵 hydrail）！

氫動力……你知道氫能源是怎麼來的嗎？

當然知道啊，氫能源就是電解水來產生氫能，不是嗎？

120

才沒這麼簡單呢，氫鐵是使用氫氣燃料電池。

你們兩個都沒說錯，讓我來仔細地解釋一下。氫鐵基本構造與一般火車無異，但是燃料由化石燃料換成氫氣。氫鐵每節車廂頂部裝置大型氫氣燃料電池，結合氫氣與氧氣產生電能，隨後電能轉入車底的鋰電池保存，沒被使用的能源也可被儲存下來，增加能源效率。比起一般以化石燃料驅動的火車，氫與氧燃燒只會產生水，因此能減少許多環境汙染，而且氫燃料發動機運行時產生的噪音也小很多。

既然氫動力火車這麼好，為什麼不全面轉換成氫動力火車呢？

這問題問得很好，因為氫燃料電池的技術尚未成熟，能量轉換效率不高，作為燃料的純氫氣不但一定要透過加工，並且在製造、壓縮和運輸氫氣的過程中還會消耗能源。此外，氫氣算是二次能源，一定要透過加工才能產生能量，所以當加工的能源反而比產生的能源多，這樣不如直接使用一次能源。

這樣聽起來氫能好像不是很有效率耶。

所以目前氫能只有使用在消耗量較低的城市公車及氫鐵上，還無法普及到一般家用車輛。但在目前化石燃料逐漸枯竭的危機之下，氫能源的發展是眾多學者認可，能夠解決發電、運輸、環境保護三大前提的完美解決方案。等氫能源的技術更為純熟，使用的成本遠低於核能和火力，那麼我們就能夠期待使用更為純淨的再生能源了。

哇！好期待那天的到來喔。

嗯,當然是啊!

我在艾咪的心中,就只是個好人,跟這列氫鐵一樣⋯⋯

心碎

算了,我不想知道艾咪跟你說了什麼。

什麼?你說你像氫鐵?

就是艾咪說我⋯⋯

123

127

129

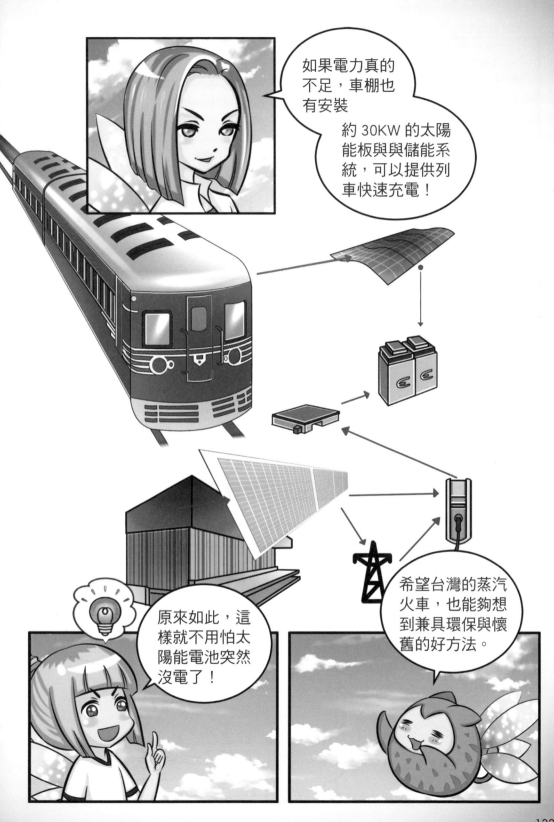

135

再生能源火車是全球趨勢

艾心博士小教室

澳洲的太陽能火車好棒喔，將第二次世界大戰的古董火車翻新，簡直就是懷舊與環保結合的完美詮釋呢！

不只澳洲，連印度也開通了由太陽能發電驅動的火車，為了減少環境汙染，印度鐵道部也盡了很大的努力呢。

荷蘭也有利用風力發電的火車喔。

你們都越來越厲害了，對火車的知識也越來越豐富囉。強尼說得沒錯，不過不只這樣，荷蘭已經成為全球第一個全靠風力發電運行火車的國家。荷蘭作為再生能源大國，近年發電風車增至 2200 座，此外，又跟比利時、芬蘭購買風力產生的電，才能提前一年達成目標。

看來再生能源已經是全球趨勢了耶！

因為石化燃料終有衰竭的一天,如今各國正逐步發展再生能源,到了 2020 年,再生能源的發電成本將會低於化石燃料。而且不只荷蘭,比利時也已經在 2015 年推出風力發電火車,另外像挪威、芬蘭等北歐國家,也都是首屈一指的節能減碳國家。

北歐國家堪稱全球綠能先鋒,由於得天獨厚的優勢,整個北歐仰賴再生能源比例超過六成,包括丹麥、芬蘭、挪威,都是風力輸出國,尤其丹麥在供電高峰時期,還能將過剩電力外銷。北歐國家積極對抗暖化,從通勤工具火車、公車開始改善,也成為全球典範。

 不過再生能源目前也有遇到許多困難吧?

 對,再生能源為間歇性能源,在無風或是無日照的情況下,綠能電廠無法發電,需要以化石燃料或者是核能等其他能源來輔助,或是讓再生能源電廠搭載儲能系統。

再生能源中,水力發電、太陽熱能與地熱是相對較穩定的綠能,但需要憑藉地理與天候因素,且太陽熱能的成本目前也相對高昂。雖然龐大的儲能系統可儲存大量電力,但電池成本仍高,難以大規模商業化。

 照這麼看來,再生能源還有一段路要走呢。

139

141

終於等到搭上七星號的這一天了！

來搭乘的，果然看起來都不是普通人。

看到了嗎？

那酒紅色鏡面閃閃發光的車廂！

知名電車設計師水戶岡銳治特別打造的金色格柵，

是不是散發出強烈的貴族氣息？

註 水戶岡銳治為日本岡山縣出身的日本工業設計師，因為幫 JR 九州設計出多款得獎的列車和車站而在交通產業中享有盛名。

你們不覺得，車頭有點像昆蟲的頭嗎？

......

壓

痛痛痛！

揉

等你上車以後，就知道這列七星號有多厲害了！

看我變大以後怎麼對付你！

哎喲我好怕喔！

你在跟誰說話？

沒有！

我在練腹語！

快點上車！別拖拉了！

呼，差點就被發現我帶艾咪他們來了。

145

爸，你知道為什麼這裡的走廊天花板要做成圓弧狀嗎？

這是為了減少壓迫感……

我去跟認識的朋友打個招呼，你自己繞一繞！

148

好了啦，在七星號上，就應該把握時間，

好好享受這座美妙的移動城堡！博士，你說對不對……

空

咦？博士跟寶寶嘰怎麼都不見了？

博士跟寶寶嘰在那邊！

やま中

為了保持海鮮和醋飯最理想的鮮度與溫度，還把名店師傅請到車上現場製作。

雖然車上很顛簸，料理的空間也很狹窄，

但老師傅還是用心捏製最完美的壽司，好帶給客人舌尖上的享受！

哼！你們就只知道吃！

博士！快點把我們放大吧！

我們這麼小，要在這麼大的車子裡跑，累死了！

極其奢華的
日本頂級觀光臥鋪列車

艾心博士小教室

 能夠坐到九州七星號列車，我死也甘願了……

 你們知道九州七星號的命名由來嗎？

 我知道！它是意喻九州的七個縣分，大分縣、宮崎縣、福岡縣、佐賀縣、長崎縣、熊本縣、鹿兒島縣。

 還有九州的七個主要觀光特色：自然、食物、溫泉、歷史文化、能量景點、人情、列車。

 而且七星號是由七節車廂所組成的呢。

 很好，大家都很用功，不枉費我們來這一趟了。那你們知道嗎，日本頂級臥鋪列車，可不是只有九州七星號喔，還有 2017 年的四季島號列車……

 和最新的黃昏特快瑞風號列車！

霍華真的知道很多呢！

哈哈，其實是這次七星號太好玩了，我就研究了一下日本最頂級的臥鋪列車，打算下次要請我爸去搶瑞風號和四季島號的車票。

黃昏特快瑞風號列車是繼承了 2015 年停駛的 Twilight Express 黃昏特快號，列車命名 Twilight 意為出發日的夕陽和第二天拂曉時刻黎明場景。墨綠色古典的黃昏特快列車，從 1989 年開始營運，是鐵道迷心中的夢幻列車，行駛於氣候嚴峻的日本海側，從大阪到札幌，1500公里的路程，歷經 22 小時，是日本行駛距離最長的臥鋪列車。所以瑞風號的運行，在日本鐵道迷心中可是具有重大意義的。

那四季島號呢？

TRAIN SUITE 四季島號則是由東京出發，一路向北行經JR 東日本所管轄的鐵道路線，濃縮了東京到北海道的壯麗景觀與鄉間小路風貌，可一覽日本東北地區的四季變化。與七星號類似，一趟列車只服務 34 名乘客。對於每個精緻細節的講究，讓乘客感受到無微不至的服務，有如置身在奢華精品旅館呢。

南九州七星號、東日本四季島號、西日本黃昏特快瑞風號，都是熱愛旅遊的人們有生之年必搭一次的列車之旅喔！

還有這杯番茄汁，

也是七星號追求完美極致的表現！

這是番茄？加太多水了吧，顏色好淡！

拜託，這是九州當地的都農町農民，

這……這是番茄汁嗎？

用四到五層紗布包著原本紅色濃稠的番茄汁，

一點一滴慢慢濾出來的。

番茄汁有必要這樣製作嗎？

好像全身都沐浴在番茄的甘甜當中……

連番茄汁都很厲害吧!

沒錯!

哇……

上面的吊燈,是丹麥國寶級品牌燈具。

你再抬頭看看!

這裡是宴客廳——「藍月亮」。

這裡是七星號的第一節車廂,也是全車裝潢最華麗的車廂!

157

158

159

160

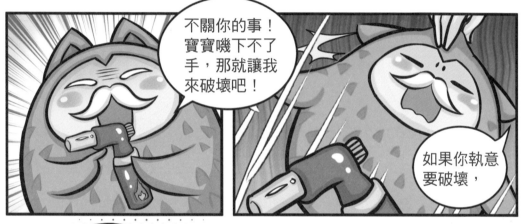

161

這裡每一個洗臉盆，都是日本有田燒國寶大師，

十四代酒井田柿右衛門的精心之作！

我沒興趣聽你介紹藝術！

這位十四代柿右衛門的大師，其實在接下 JR 九州的付託之後就生病了。

車上這十四件洗臉盆，是他在病榻上與十五代合力完成。

這些作品成了他最後的遺作。

很可惜的是，他沒有看到七星號上路就過世了。

……

我不這麼覺得，如果一個人所剩日子不多，

還能夠奉獻在自己最愛的事情上，這是世界上最幸福的事了！

除了洗臉盆之外，十四代的大師還有幾樣小型的作品被掛在牆上展示。

這個蜂巢，大師本來想要放在七星號的天花板上，因為他想到，

如果乘客突然抬頭看見天花板有蜂巢，那不是很有趣嗎？

只不過，他最後因病沒辦法實踐這個想法，

只能把這個作品掛在牆上展示。

總司令，我覺得與其在所剩不多的日子裡毀滅別人的幸福，

那還不如創造自己的幸福吧！

163

164

165

166

167

全世界最著名的火車
——東方快車

艾心博士小教室

 你們知道全世界最著名的火車是哪一列嗎？

 不是九州七星號嗎？

 九州七星號是最奢華的，但是最經典、最著名的當屬東方快車（Orient Express）了。

 就是《東方快車謀殺案》裡的東方快車嗎？

 那是我最喜歡的小說，是英國推理小說作家阿嘉莎·克莉絲蒂的經典作品！

沒錯，今天的主角就是名列在推理經典作品中的東方快車。東方快車是歐洲的長程列車，也是早期的豪華臥鋪列車，主要是從巴黎行駛至伊斯坦堡，以橫貫歐洲大陸。東方快車最初是指通往東方（近東、土耳其）的國際列車，但後來在各種通俗文學中，均用來比喻熱情的異國旅行或豪華旅遊，如阿嘉莎・克莉絲蒂的《東方快車謀殺案》及改編電影。

 歷經了第一、二次世界大戰的停駛又復駛後，1962 年，原來的東方快車停止運作，但仍有其他同名列車繼續行駛。2009 年，金融海嘯席捲全球，豪華列車東方快車也成了金融海嘯的受害者，因而於該年退休。

 目前只剩威尼斯－辛普倫－東方快車（Venice Simplon Orient Express）是唯一保留下來的東方快車。它是舊火車愛好者詹姆斯舍伍德在拍賣會上拍到的兩節東方快車車廂，從此開始了他東方快車的「復活」計畫。事實上，這兩節車廂來頭可不小，正是 1974 年電影《東方快車謀殺案》拍攝的地方。舍伍德鍥而不捨地尋找這些分散在世界各地早已廢棄的車廂，謹慎地進行修復工作，最後終於恢復了東方快車原來漂亮的外觀。後來他又和八個國家進行商談，讓東方快車最終得以投入營運，重生後的東方快車更被譽為是長達 1.5 公里的「移動古董」。

 這位舊火車迷不顧一切地讓他所熱愛的東方快車恢復了當年光輝，真是好美的故事喔！

 希望熱愛火車的你們，也能成為守護火車成長的接班人，這才是我們這一趟旅行最重要的目的！

連連看

小偵探們，
把列車和名字連起來吧！

本書介紹了好多的高鐵和列車，你是否可以從圖片裡的線索，把列車和名字連起來呢？

澳洲太陽能列車
紅色響尾蛇號

日本九州七星號
列車

台鐵 CK101 型
蒸汽火車

德國氫動力火車
Alstom Coradia LINT
（氫鐵 hydrail）

太空列車
（Star Tram）

選選看

小偵探們，請選擇各種列車的正確驅動方式喔！

本書介紹了好多的高鐵和列車，你能夠分辨各種火車的驅動方式嗎？

將它們選到正確的空格吧！

代號	驅動方式
1.	磁懸浮
2.	氫動力
3.	磁懸浮+真空管軌道
4.	蒸汽
5.	電氣化鐵路
6.	太陽能

解答 A.(5)、B.(4)、C.(6)、D.(2)、E.(1)、F.(3)

A. 台北捷運

( )

B. 台鐵CK101型蒸汽火車

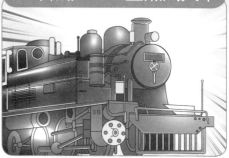

( )

C. 澳洲紅色響尾蛇號

( )

D. 德國氫鐵

( )

E. 上海磁浮列車

( )

F. Star Tram 太空列車

( )

漫畫版生活科普小百科

世界火車快樂行：給小學生的第一本火車科普書③

作者：賴怡君 / 繪者：米奇奇

【發 行 人】楊玉清
【副總編輯】黃正勇
【主　　編】李欣芳
【執行編輯】方佩佩
【設計排版】吉拿棒
【出　　版】文房 (香港) 出版公司
【出版日期】2019 年 2 月初版一刷
【定　　價】HK$78
【I S B N】978-988-8483-55-6

【總 代 理】蘋果樹圖書公司
【地　　址】香港九龍油塘草園街 4 號
　　　　　　華順工業大廈 5 樓 D 室
【電　　話】(852) 3105 0250
【傳　　真】(852) 3105 0253
【電　　郵】appletree@wtt-mail.com
【發　　行】香港聯合書刊物流有限公司
【地　　址】香港新界大埔汀麗路 36 號
　　　　　　中華商務印刷大廈 3 樓
【電　　話】(852) 2150 2100
【傳　　真】(852) 2407 3062
【電　　郵】info@suplogistics.com.hk

文房香港